EL PRINCIPIO DE LOS

perros de la pradera BEBÉS

KIM THOMPSON

CREATIVE EDUCATION • CREATIVE PAPERBACKS

CONT

ENIDO

SOY UN CACHORRO.

Soy un perro de la pradera bebé.

¿Ves mis garras afiladas? Pueden cavar túneles.

Nací bajo tierra. Ahora tengo seis semanas. Salgo por primera vez.

Juego con mis hermanos y hermanas. Mi mamá me alimenta con su leche.

Nuestra ciudad está bajo una pradera. Tiene túneles y habitaciones subterráneas. Allí viven unas 20 familias.

Afuera, nos cuidamos de los depredadores.

Encuentro hierba para comer. La corto con mis dientes afilados.

Me mantengo cerca de mi familia y amigos. Nos acicalamos unos a otros.

Nos tocamos las narices para saludarnos.

HABLA Y ESCUCHA

¡YIP

YIP-YIP!

¿Puedes hablar como un cachorro? Los perros de la pradera bebés saltan y ladran.

Escucha estos sonidos:
https://www.youtube.com/watch?v=ghHCijUCrSA

¡Ahora es tu turno!

PALABRAS DE CACHORRO

acicalar: cuidar el pelaje peinándolo y quitándole la suciedad o los insectos

depredadores: animales que se alimentan de otros animales, como los halcones y los coyotes

garras: uñas duras y afiladas de las patas de los animales

pradera: una zona grande y plana cubierta de hierba

ÍNDICE ALFABÉTICO

PUBLICADO POR CREATIVE EDUCATION Y CREATIVE PAPERBACKS
P.O. Box 227, Mankato, Minnesota 56002
Creative Education y Creative Paperbacks son sellos editoriales de The Creative Company
www.thecreativecompany.us

CATALOGING-IN-PUBLICATION DATA ESTÁ DISPONIBLE EN LIBRARY OF CONGRESS
LCCN: 2024054135
Library Binding ISBN: 9798889898603
Paperback ISBN: 9781682779002
eBook ISBN: 9798889899396

DISEÑO Y PRODUCCIÓN
Diseño por Rhea Magaro
Producción de Beeline Media and Design, Inc.
Dirección artística de Tom Morgan

FOTOGRAFÍAS de Alamy Stock Photo/imageBROKER/R. Wittek, 5, Tierfotoagentur / M. Zindl, 8; Dreamstime/ Alexandrebes, 10-11, Mikael Males, 7; Shutterstock/ AllaR15, 12, Bohbeh, 13, Eric Isselee, 2-3, 4, JRDuncan, 9, Nick Fox, 11, pandpstock001, 14, Sabi Pollen, 6-7, Uttmurucha, portada

Impreso en los Estados Unidos de América